探して発見！観察しよう

生き物たちの冬ごし図鑑

鳥

著／佐藤裕樹　監修／今泉忠明

汐文社

はじめに

冬は鳥を見るのにぴったりな季節です。木々のこずえはすっかり裸になり、鳥の姿がよく見えるようになります。また、公園の池や山の水辺では、北国から渡ってきた水鳥たちを見ることができます。
しかし、冬が鳥たちにとってきびしい季節であることに変わりはありません。
食べ物を求め渡ってきた鳥たちは、どこから、どのように旅をしてきたのでしょうか。冬木立を飛び回る鳥たちは、どんな工夫で冬を生きのびるのでしょうか。さまざまな鳥たちの冬ごしの知恵を、見に行ってみましょう。

目次

はじめに ……………………………… 2	オオタカ ……………………………… 18
オオハクチョウ ……………………… 4	ヒヨドリ ……………………………… 20
マガモ ………………………………… 6	モズ …………………………………… 21
コラム 冬のカモ図鑑 ………………… 8	シジュウカラ ………………………… 22
ナベヅル ……………………………… 9	コラム 冬羽のひみつ ………………… 24
ツグミ ………………………………… 10	カケス ………………………………… 26
ジョウビタキ ………………………… 11	キジバト ……………………………… 27
コラム 渡りのひみつ ………………… 12	コラム －60度で子育てする
ツバメ ………………………………… 14	コウテイペンギン …… 28
オオルリ ……………………………… 16	コラム 冬の鳥をよぼう！ …………… 30
アオバズク …………………………… 17	さくいん ……………………………… 31

この本の使い方と用語

- 分類：カモ目 カモ科
- 分布：シベリア周辺
- 環境：沼や湖、川、海岸
- 全長：59cm　翼開張：85-99cm
- 食物：水草、イネの仲間など

分類：鳥類の中で、どのような仲間にふくまれるのかを示しています。
分布：ふだんすんでいるおもな地域です。
環境：どのような環境でくらしているのかを表しています。
全長：くちばしの先から尾羽の先までの長さ。
翼開張：翼を広げたときの、翼のはしからはしまでの長さ。
食物：おもに好んで食べるものです。

渡りの地図：図中の矢印はわかりやすくするための例であり、実際の渡りのルートを正確に示したものではありません。

冬鳥：秋に寒い国から渡ってきて、日本で冬をこし、春に帰って繁殖する鳥。
夏鳥：春から夏に日本で繁殖し、秋に南の国へ帰っていく鳥。
漂鳥：冬に山からおりてあたたかい平地で過ごし、夏は山に入る鳥。
留鳥：1年中、ほとんど同じ場所でくらす鳥。

冬鳥 オオハクチョウ

冬ごしする場所 日本やヨーロッパの湖や沼、海岸など

- 分類：カモ目 カモ科
- 分布：ユーラシアの寒い地域
- 環境：湖や沼、海岸などの水辺
- 全長：140cm
- 翼開張：230cm
- 食物：おもに水草。水生昆虫や田んぼの落ち穂なども食べる

> 食べ物を求めて、家族で北の寒い地域から渡ってきたんだ。大ぜいの仲間といっしょに冬ごしするよ。

オオハクチョウは大型の水鳥で、冬に日本に渡ってくる冬鳥です。宮城県の伊豆沼などが大きな越冬地で、日本に飛んでくるハクチョウ類は、約70,000羽になります。つがいと数羽の若鳥（灰色）がひと家族で、冬のあいだいっしょに行動します。

冬ごしのようす

地上では草や落ちた穂などを食べる。水辺では、水面近くの水草をくちばしですくいとり、もぐったりさか立ちをして、水中の水草を食べる。

食べ物を食べているときにほかのハクチョウやカモが近くに来ると、追いはらうことがある。

えさ場に着くと、群れどうしで羽をばたつかせて「コォーコォー」と鳴きあう。

氷の上であしはつめたくないの？

私たちの体を網の目のように走る毛細血管は、寒いとちぢまり、しもやけを起こす原因になります。しかし、オオハクチョウなどの寒い地域にすむ生きものは、毛細血管がときどき開いて血液を流すので、しもやけにならないのです。

- コリマ川
- オホーツク海
- アムール川
- 日本
- コハクチョウ繁殖地
- オオハクチョウ繁殖地
- オオハクチョウの渡り

ハクチョウの仲間

日本ではコハクチョウもふつうに観察されます。体がオオハクチョウより小さく、くちばしの黄色い部分も小さく、くちばしの黒色が多くなります。コハクチョウはオオハクチョウより北で繁殖します。

冬鳥 マガモ

冬ごしする場所 日本やヨーロッパの湖や沼、海岸など

- 分類：カモ目 カモ科
- 分布：シベリア周辺
- 環境：沼や湖、川、海岸
- 全長：59cm　翼開張：85-99cm
- 食物：水草、イネの仲間など

> 秋にシベリアあたりから、仲間といっしょに渡ってきたんだ。

マガモのオスは、頭が光沢のある緑色で美しく、冬の水辺でよく目につきます。オスは春先の換羽（→ 24ページ）で見た目がメスに似て地味になり、日本に渡ってきたばかりのときは、左の写真のようにまだその姿がのこっています。

マガモのくらし

食べ物を探して、さか立ちだけでなく、水の中にもぐることもある。

カモの仲間は、さか立ちをして水中の水草などを食べる。ふつうは夜になると食べ、昼間はねむっていることが多い。

4〜7月に産卵し、子育てはメス親が行う。ヒナは多くの天敵からねらわれ、成鳥になれるのは数羽だけ。

求愛のとき、1羽のメスを何羽ものオスがとり囲むようにして追いかける。くちばしで水をはじいて見せるのも、求愛行動の一つ。

カモはみんな北から渡ってくるの？

ほとんどのカモの仲間は、冬ごしのために北から渡ってきて、春に北へもどって繁殖します。一部のマガモは、北海道や本州の山地を中心に、日本で繁殖、子育てするものもいます。カルガモとオシドリは多くの場所で1年中日本にいて、子育ても日本で行います。

シベリア
オホーツク海
日本
マガモ繁殖地
マガモの渡り

冬のカモ図鑑

日本では約25種が冬をこします。その中で身近な場所にいる種を中心に紹介します。
カモは警戒心が強いので、物かげからそっと観察するとよいでしょう。
きれいな羽やもよう、ユニークなくちばしに注目してみましょう。

オシドリ
オスは見た目がとても美しい。どんぐりが好物。

オナガガモ
オスは尾羽の中央2枚が長くて目立つ。

コガモ
日本で観察される一番小さなカモ。小さな池や沼などでよく冬をこす。

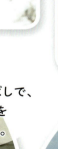

ウミアイサ
潜水をして小魚などを食べるアイサの仲間。あしが体の後ろについていて、泳ぎに適している。

ハシビロガモ
シャベル状の平たいくちばしで、水面に浮かぶ食べ物をこしとるように食べる。

キンクロハジロ
湖や沼、川に多く、町中の池でも見られる。水にもぐり、貝やエビなどを食べる。頭の冠羽が目立つ。

冬鳥 ナベヅル

冬ごしする場所 鹿児島県出水市と山口県周南市の田んぼや畑

- 分類：ツル目 ツル科
- 分布：ロシアのウスリー川やアムール地域などで繁殖する
- 環境：冬ごしはおもに田んぼや農耕地
- 全長：100cm
- 翼開張：150-160cm
- 食物：穀物や草の根、昆虫や魚などの小動物

> 1羽から4羽の家族で渡ってきたよ。首が白いのが成鳥の目印なんだ。

中型のツルで、日本で冬ごしをする場所は、鹿児島県出水市と山口県周南市に決まっていて、ほかはあまりありません。出水市には約10,000羽のナベヅルが集まり、世界のほとんどの個体がここで冬ごしをします。

鹿児島県出水市は、約13,000羽のツルの仲間が集まる世界有数の越冬地で、国の特別天然記念物に指定されている。

マナヅルは、ナベヅルの次に冬ごしをする数が多いツル。世界で約6,500羽しかいないと考えられていて、その約半数が出水市で冬ごしをする。

冬鳥 ツグミ

冬ごしする場所　日本やアジアの森林や草地

- 分類：スズメ目 ヒタキ科
- 分布：シベリア周辺
- 環境：おもに低い山の森林。公園や庭など見通しがいい場所にもいる
- 全長：24cm　翼開張：39cm
- 食物：地上にある植物の種、昆虫や木の実

> シベリアから大群で渡ってきたよ。翼が長くて、飛ぶのはとくいなんだ。

冬になると場所によっては大群で通過していきます。ヒヨドリと同じくらいの大きさで、顔や胸のもようは個体によって少しずつちがうので、よく観察してみましょう。

数歩はねては止まり、胸をそらす行動をくりかえす。開けた芝生や畑でよく観察できる。写真はメス。

地面にいる昆虫や木の実などを食べる。冬には残ったナナカマドやカキノキの実を食べることがある。

10

冬鳥 ジョウビタキ

冬ごしする場所 日本やアジアの森林や草地

- 分類：スズメ目 ヒタキ科
- 分布：ユーラシアの東部やモンゴル東部、中国北部など
- 環境：見通しのよい少し開けた場所。枝や杭などによく止まる
- 全長：14cm　翼開張：22cm
- 食物：昆虫、ナンテンなどの小さな果実をよく食べる

日本では冬鳥として、低い山や田畑、住宅地の公園などで見られます。スズメくらいの大きさで、オスの胸からおなかや腰はオレンジ色できれいです。

> 人の家の近くで冬ごしするんだ。「ヒッヒッ」と鳴くからすぐわかるよ。

メスは地味な色だが、ヒタキの仲間は目がくりくりしていてかわいらしい。

自分のなわばりを持ち、ほかのジョウビタキが来ると追いはらう。車のミラーなどにうつった自分の姿を見て、追いはらう行動をすることもある。

※ここ数年、八ヶ岳のまわりなどでも繁殖が確認されている。

渡りのひみつ

日本には、カモなどの冬鳥やツバメなどの夏鳥をはじめ、季節によってたくさんの鳥が渡ってきます。鳥たちは、なぜ渡るのか、どのくらいの距離をどうやって渡っているのでしょうか？

なぜ鳥は渡るの？

もっとも大きな理由は、食べ物を手に入れるためです。ロシアなどで繁殖する鳥は、生まれ故郷が雪や氷でおおわれて食べ物がとれなくなるため、日本へ渡ってきます。日本の国内でも、雪が多く降る地域の鳥の中には、あたたかい地域へ渡るものがいます。しかし小鳥などを食べるタカは、雪に関係なくえものがとれれば、あまり渡りません。

何をたよりに渡るの？

1 太陽の位置
昼間に渡る鳥は、太陽の位置を見て方角を知ることが、ハトやカモの研究からわかっています。そのため、雨やくもりの日には、飛ぶ方向を見失ってしまうようです。

2 星座
夜に渡る鳥は、星座を見て方角を知ることが研究からわかっています。やはり、星空がよく見えないときには、方向を見失うようです。

3 地球の磁場
地球は大きな磁石になっているため、鳥は方位磁石のように北と南がわかると考えられています。

何丁目何番地にもどれるのは、なぜ？
渡り鳥は、太陽や星座、地球の磁場などを使ってだいたいの場所まで来て、そのあとは、目に見える景色や環境を手がかりに、目的の場所まで行くと考えられています。ただし、毎年ぴたりと同じ場所にもどることのできるくわしいしくみは、まだわかっていません。

渡りのびっくり記録

渡り鳥たちの、いろいろなチャンピオンを見てみましょう。

距離ナンバー1

キョクアジサシは、繁殖地の北極から冬をこす南極まで、危険をさけながら、往復80,000kmを移動する。

高度ナンバー1

アネハヅルは、8,000mをこえるヒマラヤ山脈の上空を渡って、冬ごしの場所まで移動するものがいる。

無着陸飛行ナンバー1

干潟にすむシギの仲間であるオオソリハシシギは、繁殖地のアラスカから冬をこすオーストラリア東部まで、一度も陸地におりずに飛び続ける。その距離は12,000km、日数は1週間ほどにもなる。

夏鳥 ツバメ

冬ごしする場所 ボルネオなどの東南アジア

- 分類：スズメ目 ツバメ科
- 分布：北極をのぞくユーラシアからアフリカ北部、北アメリカ
- 環境：人の家など人がくらす場所の近く
- 全長：17cm　翼開張：32cm
- 食物：アブやトンボなど、空を飛ぶ昆虫

夏のあいだ日本で子育てをして、秋になると南の国へ渡っていくよ。

ツバメのように、夏に日本に渡ってきて、繁殖をする鳥を夏鳥といいます。飛ぶのがうまく、水を飲むときも、すいーっと水面ぎりぎりを飛びながら飲みます。繁殖地や冬をこす場所の環境が変わり、少しずつ数がへっているといわれています。

ツバメのくらし

巣はどろと草を材料にして、オスとメスで協力して作る。田んぼや水たまりでどろをとるようすが観察できる。

巣は人の家や駅などの屋根と壁のさかいめに作られる。一度に4〜6羽のひなを育てる。年に2回子育てをすることもある。

8月ごろから10月上旬まで、河原の広いヨシ原などに集まり、集団で夜をすごす。その数は数千から数万になることがある。

巣立ち後も、ひなは数日のあいだ親からえさをもらう。

冬のあいだ、どこにいるの?

日本で無事に子育てを終えた親ツバメや大きく成長した子ツバメたちは、10月下旬ごろ、冬の日本よりあたたかく、食べ物が多くある南の国へ移動を始めます。台湾を通り、フィリピンやマレーシア、ベトナム南部、インドネシアなどで冬をこすのです。遠いところでは、日本からまっすぐに進んでも約5,000kmの距離があります。そして2月下旬から3月上旬には、鹿児島県でツバメがまた確認されるようになります。

夏鳥 オオルリ

冬ごしする場所 東南アジアやボルネオなど

- 分類：スズメ目 ヒタキ科
- 分布：夏は日本や朝鮮半島など、冬は東南アジア、ボルネオ
- 環境：山地の沢ぞいによくいる
- 全長：16cm　翼開張：27cm
- 食物：飛んでいる昆虫

日本の山で子育てして、秋には南へ渡るよ。

夏に沢のある山を歩いていると、「ヒーリーリーチチン」という、すんだ声が聞こえてきます。ウグイス、コマドリとともに日本で鳴き声のよい鳥3種とされています。夏鳥で、春や秋の渡りの時期には、都市部の公園でも見られることがあります。

メスの見た目はとても地味で、ほとんど鳴かないので目立たない。

がけなどの岩のくぼみに、コケなどを使っておわん型の巣を作る。ジュウイチというカッコウの仲間が、オオルリの巣に卵を産んでしまうこともある。

オオルリ越冬地
日本で繁殖するオオルリの渡り

夏鳥 アオバズク

冬ごしする場所 マレー半島などの東南アジア

- 分類：フクロウ目 フクロウ科
- 分布：夏は日本や朝鮮半島、冬はマレー半島などの東南アジア
- 環境：神社や寺など巣を作ることのできる大きな木がある場所
- 全長：29cm　翼開張：71cm
- 食物：昆虫

食べ物の昆虫を求めて、あたたかい国を渡ってくらしているよ。

昼間は巣の近くの葉がしげった場所で休んでいることが多く、その存在に気がつくことはむずかしいです。青葉の季節に姿を見せる夏鳥で、昆虫の少なくなる季節には、あたたかい東南アジアの国へ渡ります。

ヒナの巣立ち後も、食べ物を自分でとれるようになるまで親鳥が食べ物をあたえる。

さまざまな種類の昆虫を、どんよくに食べる。消化しにくい羽やあしなどをとって落としてから食べるため、このような食べあとが地面に残る。

日本
アオバズク越冬地
アオバズクの渡り

漂鳥 オオタカ

冬ごしする場所 寒くない地域の里山

- 分類：タカ目 タカ科
- 分布：ユーラシアから北アメリカ北部まで広くいる
- 環境：おもに平地から低山
- 全長：オス50cm メス58.5cm
- 翼開張：105-130cm
- 食物 おもに小鳥類

冬になると、山から町のほうへおりてくるよ。

人がくらす場所の近くで繁殖し、むかしから鷹狩りのタカとして知られ、里山の鳥のシンボルでした。市街地でも人工物をたくみに使い、ドバトなどをとらえて食べて生きているオオタカもいます。

市街地の近くに飛んできた若いオオタカ。冬には都市部の公園でも観察されることがある。小鳥やカラスが騒いだら、まわりをよく観察すると出会えるかもしれない。

オオタカのくらし

巣は針葉樹に作られることが多く、直径は約1m、厚さ50〜60cmにもなる。ヒナの食べ物は小鳥類がほとんど。

えものめがけて急降下したり、身をひそめて待ち伏せして狩りを行う。自分より大きなサギなどを狩ることもある。

マガモを狩ろうとするオオタカ。マガモは攻撃をさけようと水の中にもぐる。そのままではオオタカも水に落ちてしまうので、攻撃しにくくなる。

タカやワシは渡らないの？

日本に1年中いるタカの仲間でも、北海道や日本海側のように冬にたくさんの雪が降る地域にくらすものは、えものの小鳥などを追って雪の少ない地域へ移動しています。いつも見ているタカの仲間がいても、冬に見るものは北のほうから移動してきたタカかもしれません。

タカの仲間

冬になると、えものとなる小鳥類を求めて山からおりてきたり、寒さをさけてあたたかい地域に渡ってくるタカがいるため、観察しやすくなります。写真はタカの一種のノスリで、冬になると低地の草地や水辺に移動してきます。

漂鳥 ヒヨドリ

冬ごしする場所 あたたかい地域の市街地、低山の林

- 分類：スズメ目 ヒヨドリ科
- 分布：日本や朝鮮半島南部、台湾、フィリピン北部
- 環境：低地から山地の林
- 全長：28cm　翼開張：40cm
- 食物：昆虫や果実、花のみつなど

> 1年中いるように見えるけど、冬は山からおりたり、あたたかい地域へ移動したりするよ。

ボサボサとした頭の冠羽と栗色のほっぺが特ちょうです。「ピーヨピーヨ」とかんだかい声で鳴くのが、名前の由来です。大の甘い物好きで、春のサクラや冬のツバキ、サザンカの花などのみつを、顔が花粉で黄色くなるまでなめます。

ヒヨドリの舌は細長く、先が筆のように分かれているため、みつをなめやすい。花をちらさずにみつをなめることができる。

秋に鳴き声につられて空を見上げると、南へ移動する群れを見ることがある。北海道や愛知県の岬では、数百羽の群れとなって海を渡る。

漂鳥 モズ

冬ごしする場所 低地の林や草地など

- 分類：スズメ目 モズ科
- 分布：日本、朝鮮半島、中国東北部、ロシアのウスリー地方
- 環境：開けた畑地や公園
- 全長：20cm　翼開張：27cm
- 食物：昆虫などの小動物

寒さをさけて山をおりたり、あたたかい地域へ渡ったりするよ。

開けた場所が好きで、畑や公園の杭などに止まって、尾羽をくるり、くるりと回しながらえものを探します。体は小さくても、とても優秀なハンターで、自分より大きなツグミなどを狩ることもあります。

モズには、取ったえものを木のトゲなどに刺しておく「はやにえ」という習性がある。

「キィキィキィ…」とかんだかい声でなわばりを宣言するメス。秋から冬があけるまで、モズは1羽ずつのなわばりを作って冬ごしする。

留鳥 シジュウカラ

冬ごしする場所 場所はあまり変えない

- 分類：スズメ目 シジュウカラ科
- 分布：小笠原諸島をのぞく全国や東南アジア、中国など広い地域
- 環境：平地から山地の雑木林
- 全長：14-15cm　翼開張：22cm
- 食物：昆虫や木の実など

ほかのカラ類の仲間と群れをつくって、いっしょに冬ごしするんだ。

カラの仲間ではもっとも身近で、都市部の庭や公園などでも繁殖しています。冬になっても移動せず、同じ場所にとどまります。警戒心が少なく、人のすぐ近くに寄ってくることもあります。

ちょっとした人工物のすきまに巣を作ったり、庭の木の巣箱を使うこともある。2〜3月ごろには、つがいで巣によい場所を探し始める。

おもに昆虫や木の実などを食べる。冬には木の皮や丸めた葉などをはがして、中にいる昆虫を食べる。

ちがう仲間と作る群れ

カラ類やコゲラ（キツツキの仲間）などは、冬に「混群」とよばれる群れを作って行動しているのをよく見かけます。シジュウカラの群れの中に、メジロやコゲラがいっしょにいることもあり、種をこえて群れを作ります。何羽かで警戒することで、タカなどの敵を早く見つけることができるようです。

食べ物のとりあいにならないの？

群れの中にたくさんの種類がいると、食べ物のとりあいになりそうですが、鳥の種類によって食べ物の取り方がちがうので、けんかにはなりません。

エナガ
尾羽が体と同じくらい長い。冬でもほかのカラ類と群れを作ることは少ない。枝先で昆虫や木の実を食べる。

コガラ
頭に黒いベレー帽、のど元に蝶ネクタイのようなもようがある。木の幹に近い場所で、昆虫や木の実などを食べる。

ヤマガラ
茶色い羽をもつカラの仲間。昆虫や木の実を木の上だけでなく地面でもよく探す。秋から冬には木の実をかくすことがある。

ヒガラ
のど元に、よだれかけのようなもようがある。4種の中ではもっとも小さい。枝先を移動し、昆虫などを食べる。

冬羽のひみつ

多くの鳥は、繁殖期のあと、全身の羽がぬけ変わり、新しい羽毛になります（「換羽」といいます）。ふつう繁殖期の羽を「夏羽」、その後、生え変わった羽を「冬羽」とよびます。なかには、くらしや環境に合わせて特ちょうのある冬羽をもつ鳥もいます。

夏の終わりに、ぜんぶ変わるよ！

スズメなど、飛ぶことの必要な多くの鳥は、羽がぬけることで飛べなくならないように、両方の翼の同じ部分が少しずつぬけていきます。種類によって、尾羽がごっそりとぬけてしまうものもいます。だいたい2か月くらいかけて全身の羽が生え変わります。

夏の終わりに、冬羽へ変わるとちゅうのウミネコ。ボロボロで飛びにくそうに見える。

2〜3月ごろには夏羽へ生え変わり、繁殖期をむかえる。

冬におしゃれになる！

カモなどの仲間は、繁殖後に翼の羽がすべてぬけて飛べなくなります。この時期のオスはメスと似た地味なすがたになり、天敵から見つかりにくくなります。冬に日本へ来るカモの仲間は日本で換羽して冬羽になりますが、冬のあいだにつがいを作るため、オスの冬羽はあざやかで美しいのが特ちょうです。

オナガガモのオス。日本に来たばかりのオスは、メスと区別がつきにくい。

冬羽に変わったオナガガモのオス。羽毛のもようが美しい。

3回も変わるよ！

ライチョウは雪の降る高い山にいるため、冬は全身がほぼ真っ白な羽になります。あしの指のあいだまで羽が生えていて、雪に足がもぐりません。春になると顔から腰、胸にかけての羽が生え変わり、オスは黒色、メスは茶色っぽい夏羽になります。子育てを終えた夏にさらに生え変わって暗い灰色の秋羽になり、このときに翼やおなか、あしの羽なども生え変わります。その後、山に雪が降り始めるころ、再び冬の白い羽へと生え変わり始めます。

早春のライチョウのオス。
夏羽へ生え変わりが始まっている。

秋のライチョウ。
秋羽から少しずつ
冬の白い羽に
変わり始めている。

夏羽のライチョウのメスとヒナ。
ヒナが砂浴びをするあいだ、
メスはまわりを警戒している。
ヒナの羽も目立ちにくい色をしている。

留鳥 カケス

冬ごしする場所 移動せず、食べ物をたくわえる

- 分類：スズメ目 カラス科
- 分布：九州より北に分布、中国やロシア南部、ヨーロッパなど
- 環境：山地の林
- 全長：33cm　翼開張：50cm
- 食物：雑食で繁殖期には昆虫類、秋にはドングリなどの木の実

見た目は美しいがカラスの仲間で、「ジャージャー」とかすれた声で鳴きます。ほかの鳥などの鳴き声をまねることがあり、タカの仲間などのかんだかい声も、本物と聞きまちがえるくらい上手にまねをして鳴きます。

秋に食べ物をたくわえて冬ごしするよ。

かくしておいたドングリをほじくり出しているところ。カケスはドングリなどをうろや樹皮のすきまにかくして、ためておく習性がある。

無事に取り出して、食べることができた。しかし、かくした場所を忘れてしまうこともある。

留鳥 キジバト

冬ごしする場所 移動せず、同じ場所で冬をこす

- 分類：ハト目 ハト科
- 分布：日本全国、インドより東
- 環境：山や市街地の林など
- 全長：30-32cm　翼開張：55cm
- 食物：木の芽や花、果実など

寒い冬でも子育てできるよ！

ドバトよりひとまわり小さい、身近なハトの仲間です。「デデーポォポォ」と5回ほどくりかえして鳴きます。タカのように力強い羽ばたきをして飛びます。

のどにある「そのう」という部分で作られる「ピジョンミルク」という特別なえさをあたえ、昆虫などのいない冬でも子育てをする。オスもメスも出すことができる。

※北海道や東北のハトは、冬にあたたかい場所へ移動します。

－60度で子育てする コウテイペンギン

オスは、メスの産んだ卵を115日間もあたため続ける。卵をあしの上にのせておなかの皮でおおい、何も食べずに守る。

コウテイペンギンは南極大陸とそのまわりの海だけでくらしています。ヒナは、－60度にもなる冬に生まれ、あるていど大きくなると、親鳥が食べ物をとりに出ているあいだ、ヒナだけで集まって過ごします。集団はときに数千羽にもなり、体をおしくらまんじゅうのようによせあって、寒さにたえます。

コウテイペンギンの1年

小魚やイカ、オキアミなどを親鳥がはきもどしてあたえる。その食べ物は、親鳥が海から100〜200kmも歩いて運んでくることも。

少し大きくなるまで、親鳥は交代で海まで食べ物をとりに行く。ヒナは親のあしの上で寒さをさける。

ふわふわの羽毛がぬけ落ち、海で泳げる体になりはじめる。大海原へ出る日も近い。

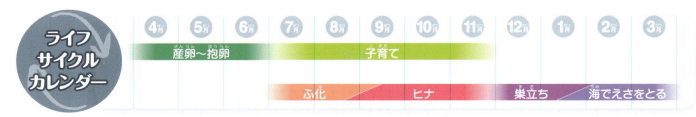

ライフサイクルカレンダー：4月〜6月 産卵〜抱卵／7月〜11月 子育て／7月〜8月 ふ化／9月〜11月 ヒナ／12月〜1月 巣立ち／2月〜3月 海でえさをとる

冬の鳥をよぼう！

冬は食べ物が少なくなり、鳥たちにとってきびしい季節です。
果物やナッツを枝につるすと、
鳥たちはめざとく見つけて食べに来ます。
ごちそうで鳥をよんで、
観察してみましょう。

1 果物を枝にさす

柿やみかん、りんごなどを半分に切ったものを、枝にさしておくと、メジロやヒヨドリなどが食べにくる。

2 ピーナツのリースをつるす

からつきのピーナツに針金を通して輪にしたものを、枝からつるす。

3 ペットボトルにひまわりの種を入れる

ペットボトルの下のほうに2か所、あなをあけて割りばしをさす。割りばしに鳥がとまって種を食べられるように、ペットボトルに切りこみ穴をあけて窓を作る。飲み口から種を入れて、枝からつるす。

さくいん

ア
- アオバズク ……………………… 17
- アネハヅル ……………………… 13
- ウミアイサ ……………………… 8
- ウミネコ ………………………… 24
- エナガ …………………………… 23
- オオソリハシシギ ……………… 13
- オオタカ ………………………… 18-19
- オオハクチョウ ………………… 4-5
- オオルリ ………………………… 16
- オシドリ ………………………… 8
- オナガガモ ……………………… 8, 24

カ
- カケス …………………………… 26
- 換羽（かんう） ………………… 6, 24
- キジバト ………………………… 27
- キョクアジサシ ………………… 13
- キンクロハジロ ………………… 8
- コウテイペンギン ……………… 28-29
- コガモ …………………………… 8
- コガラ …………………………… 23
- コハクチョウ …………………… 5
- 混群（こんぐん） ……………… 23

サ
- シジュウカラ …………………… 22-23
- ジョウビタキ …………………… 11

タ
- ツグミ …………………………… 10
- ツバメ …………………………… 14-15

ナ
- 夏羽（なつばね） ……………… 24-25
- ナベヅル ………………………… 9
- ノスリ …………………………… 19

ハ
- ハシビロガモ …………………… 8
- はやにえ ………………………… 21
- ヒガラ …………………………… 23
- ピジョンミルク ………………… 27
- ヒヨドリ ………………………… 20
- 冬羽（ふゆばね） ……………… 24-25

マ
- マガモ …………………………… 6-7, 19
- マナヅル ………………………… 9
- モズ ……………………………… 21

ヤ・ラ・ワ
- ヤマガラ ………………………… 23
- ライチョウ ……………………… 25

参考にした本
『鳥のくらし図鑑』（偕成社）
『鳥の自由研究』（アリス館）
『渡り鳥地球をゆく』（岩波書店）
『鳥の観察図鑑』（岩崎書店）
『ツバメ観察記』（福音館書店）
『見る聞くわかる 野鳥界』（信濃毎日新聞社）
『ぱっと見分け観察を楽しむ 野鳥図鑑』（ナツメ社）

著／**佐藤裕樹**（さとう ひろき）
東邦大学理学部生物学専攻。東京の奥多摩をフィールドに、
インタープリターとして自然体験活動をガイドしている。

監修／**今泉忠明**（いまいずみ ただあき）
動物学者。東京水産大学（現・東京海洋大学）卒業後、
国際生物計画（IBP）調査、イリオモテヤマネコの生態調査などに参加。
哺乳類を主とする分類学、生態学が専門。

編集／清水洋美
写真／戸塚 学　菅原貴徳
　　　杉島 洋（p.27）　吉田ゆみ子（P.30左下）
　　　amanaimages　Photolibrary　PIXTA
絵／林 四郎（画工舎）
表紙・本文デザイン・DTP／國末孝弘（blitz）

探して発見！観察しよう
生き物たちの冬ごし図鑑 鳥

2017年7月　初版第一刷発行

著　　　　佐藤裕樹
発 行 者　小安宏幸
発 行 所　株式会社 汐文社
　　　　　〒102-0071 東京都千代田区富士見1-6-1
　　　　　TEL 03-6862-5200　FAX 03-6862-5202
　　　　　http://www.choubunsha.com
印刷・製本　株式会社廣済堂

ISBN978-4-8113-2368-8
乱丁・落丁本はお取り替えいたします。
ご意見・ご感想はread@choubunsha.comまでお寄せください。